木

作

作作止止

素元　编著

机械工业出版社
CHINA MACHINE PRESS

本书是为木作爱好者所编著的一本参考书，将设计师、手作人对家具和小物件的设计理念、实操手法进行展现，并与生活理念和方式相结合，是一本激发设计灵感、展现生活情趣的图书，同时也是"慢悠悠的生活方式读本"。

本书共介绍了 11 个案例，从筷箸、勺子、砧板、六角看盘盒这样的食器，到笔、组子细工、曲木盒这样的雅物，再到木凳、衣架、儿童椅这样的家具，制作难易程度各不相同。最后用一个神奇的木作机械装置作为结束语，带您走进木作这个神奇而精彩的世界。请相信，里面一定有那么几个是您可以完成的。

图书在版编目（CIP）数据

木作：作作止止 / 素元编著 . —北京：机械工业出版社，2019.11
ISBN 978-7-111-63974-9

Ⅰ . ①木…　Ⅱ . ①素…　Ⅲ . ①木制品—制作　Ⅳ . ① TS656

中国版本图书馆 CIP 数据核字（2019）第 237923 号

机械工业出版社（北京市百万庄大街 22 号邮政编码 100037）
策划编辑：刘志刚　责任编辑：刘志刚　时　颂
责任校对：刘时光　封面设计：薛　飞　张　欣
责任印制：张　博
北京东方宝隆印刷有限公司印刷
2020 年 1 月第 1 版第 1 次印刷
169mm×239mm·9.5 印张·183 千字
标准书号：ISBN 978-7-111-63974-9
定价：69.00 元

电话服务　　　　　　　　　网络服务
客服电话：010-88361066　机 工 官 网：www.cmpbook.com
　　　　　010-88379833　机 工 官 博：weibo.com/cmp1952
　　　　　010-68326294　金 书 网：www.golden-book.com
封底无防伪标均为盗版　机工教育服务网：www.cmpedu.com

封面设计：
薛飞　张欣

版面设计：
马润爽　高菁

图片摄影：
马润爽　武巍

文字撰写：
马润爽　李凯
周莎莎　武巍
朱晓璐　李夏

木头的世界，沉静厚重，自然质朴。初做木作的人不一定要掌握多么高深的知识和技能，最重要的是要有一颗爱世界、爱生活、爱人的心。善待手中的木头，用自己的心去珍惜它，琢磨它，让木头焕发出其特有的美好气质，也让做木作的人沉醉其中，得到心灵的滋养。

前言

这段话是曾经的有感而发。木作是什么，取决于我们看待它的态度。当你认为它和能力有关，它就是一门可深可浅的技术；当你认为它和生活有关，它就是随处可见的生活智慧；当你认为它与你的心相映，它就是你心性的自然流露。

八年前，为了让更多的人能够与木结缘，感受木作的魅力，素元开办了自己的木作工坊。木作是一件那么有趣又美好的事情，一直希望通过我们的努力能够给所有愿意去传播木作文化的朋友以启发和勇气。我们也非常高兴地看到了这八年来如雨后春笋般不断冒出的新工坊，其中有不少是在素元木作工坊学习过的木友开办的。对我们而言，木作更多的是代表着一种态度：当你决定把时间投入到一件并非是工作的事情时，它代表着一个认真的选择，一个不同的开始，意味着打开了一扇通往木作世界的门。

本书挑选了11个案例，从小木勺到儿童靠背椅，从食器到家具，制作难易各不相同。但是请相信，里面一定有那么几个是你可以完成的。成为木作大师需要条件吗？是的。想成为任何领域的高手都需要一点点天分和无尽的勤奋，需要全身心的投入。但进行木作的实践，也就是玩木头需要条件吗？不。不需要懂设计，不需要手很巧，不需要力气大，几乎没有任何条件。

进入木作世界，需要的只是一颗热爱生活和勇于尝试的心。在素元工坊，很多学员从未触碰过木材或是刨子，但他们的作品却常常给大家带来惊喜，而我们也常常被他们作品背后那颗爱人、爱生活的心深深感动。正是这些可敬的学员让我们更清楚地认识到，创作出一件打动人的作品，最重要的不是性别、年龄、职业，不是技艺高低、知识深浅，而是我们对人生的感悟与爱，是我们想在木头上留下怎样的痕迹，印上怎样的一颗心。

动手去鼓捣点什么，重点并不在于你最终鼓捣出了多么令人惊艳的大作，而是在于我们可能会欣喜地看到，我们的两只手其实有十根手指，而不仅仅是只会在各种屏幕上滑来滑去就可以得到整个世界的一根手指。接下来，你还将慢慢地、清晰地看到那十根手指背后，有你自己一颗快乐、坚毅、热爱生活的心。一秒钟、一分钟、一小时、一天……当某个简单的动作被重复着，当0.1mm、1mm、10mm、100mm的木料被小心翼翼地修整掉时，情感在你的指尖慢慢地流淌，而木作已然成为一种让时间停滞的浪漫。

如果有一天，你想尝试点什么好玩的事，或是好奇你的心会通过双手呈现出怎样的精彩，那么，去试试玩木作吧。这件事远没有那么困难和复杂，当你拾起一块小木头，找出一把小刀，去尝试做一个哪怕简单到不能再简单的小作品，你的木作之旅，就已经真正地开始了！

武　巍
于北京

目录

食器

1

小小的筷箸

制作一双木筷，是给木作初学
者的礼物，更是文化的馈赠

在某种意义上，小小的筷箸承载着中华文明的传承，以独特的形式延续着我们的文化。筷箸除了其食器的功用以外，在古代有人将其形状之直与人格之直相类比，唐玄宗在一次御宴上将手中的金箸赏给宰相宋璟道："非赐汝金，盖赐卿以箸，表卿之直耳。"制作一双木筷，是给木作初学者的礼物，更是给使用筷子的我们以文化馈赠。

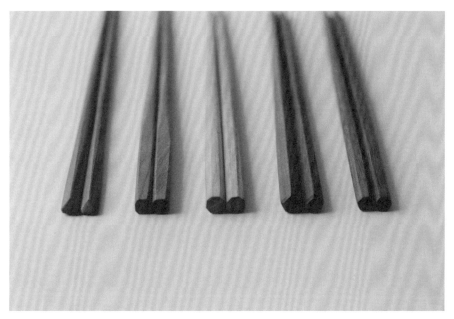

▲ 有祈福意义的多面几何筷子

木作是一个丰富的世界，因为工艺和工具繁多，造成了许多分支方向和相关项目。木作又是一个有些门槛的手艺，至少不像画笔拿起来就可以画一下，而做筷子也许是木作里最接近"拿起来就可以画一下"的。

在木作领域，虽然着眼于家具以及榫卯之类很厉害，但木筷这种微小而坚实的日常之物，也会对我们有着意想不到的触动。使用筷子的我们，去制作一双带有温度的筷子，这仿佛更多了一点自豪感。"木工之旅"能以不仅实用还很易于创造的木筷开始，那真是太幸福了。

一根筷子就是一条线，从线开始去创作或许相对简单。自然界有很多关于线的启示，一棵树、鲸鲨的背脊、戈壁上的骆驼刺，就连星辰我们也喜欢用线把它们连起来。走在城市里，更是充满了各种线条。线，我们排列它，切断它，给它韵律，让它串起葡萄和珠子，把它挂在身上，绷直在山间……手中的筷子，两根线，可以玩出多少想象？还没开始动手，仅是让灵感游荡，就足以兴奋了。

▶ ▶ ▶

▶ ▶ ▶

　　为了让即便是手工不是很灵巧的初学者也能体验到这种手作创造的快感和生活中不起眼的细节之美，关于这个入门级木作项目"筷子"，我们做了很多研究。起初，尝试了传统的木作方法，也参考了一些日本匠人的做法，发现都对初学者不够友好。直到有一天，我们在工坊附近的村子里看到一个剃头匠正给客人刮脸，为了保持剃刀的锋利，他需要不时地拿剃刀在一头绷在座椅边的皮带上来回蹭几下。天呐！这不就是我们苦思冥想所需要的方法吗？固定住筷子的一个点，并能同时翻来转去地干活，简单又易于操作。

　　自从我们研发出方便做筷子的工具，来工坊的朋友们都愿意尝试去动手做双筷子，从刨削、造型、打磨、涂油，很短的时间内就可以感受一次用木头创造的完整过程，最后也定会用这一双亲手赋予了独一无二气质的筷子吃一顿饭，甚至去迎接更多的一日三餐。这个过程中充盈的幸福感，我们从很多人身上得到印证，他们因为一件不起眼但又了不得的木作器物，而更珍惜一天里的每个瞬间。

　　据说，全世界每天二十亿人用筷子，其中有多少人用的是一次性筷子呢？不堪重负的森林和海洋，需要我们拥有可以替代一次性且能长久使用的餐具。请接受自带餐具的不方便，因为那背后是脚踩在泥巴里的踏实和思想在云端里的高级。

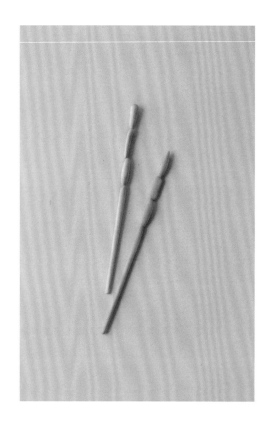

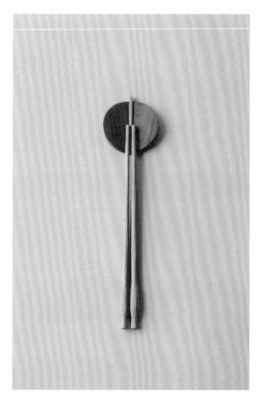

▲ 莲藕筷

筷子整体不大，可以设计发挥的空间非常有限。既希望有特点，又不干扰到功能性，可以在筷头上做文章。这是一双硬枫木筷，硬枫木纹理细腻且色浅，让人想起白白胖胖的藕段儿，于是我们在筷头部分雕刻了几截抽象形态的莲藕。

▲ 鼓形筷

在工坊里，我们都非常珍惜木料，尤其各种边角小料常常会被拿来做些日常可用的生活小物。这双橡木筷就是用学员切椅面时剩下的小料做成的。将筷头雕成了安塞腰鼓一样的形状，即憨态可掬又饶有趣味。

▲ 四叶草筷

细长的筷子刨削得笔直已然不容易，在本就面积细小的情况下再增加一个小挑战，进行笔直的线条雕刻，而且四面刻痕从头至尾。从筷头上看，仿佛一枚四叶草般。愿好运从早餐时就开启吧。

▲ 八角八棱筷

在传统文化里，很有意思的一点就是凡事"图个吉利"，不管什么物件，在最初成形的时候总会给它赋个说法，图个吉祥。这八角八棱筷的灵感也是源于人们最早对筷子应用场合的区分，婚丧嫁娶、添丁贺寿，各有形态。八角形在手工筷小小的顶面上是最接近圆的状态，因而带有向往圆满的寓意。

设计分享

◀ **拼木筷**

　　木材不仅有自身的肌理，还可以随意拼接出更多纹样。有种甚为复杂的、通过木块拼接制作出美丽花纹的方法叫作寄木细工。这双筷子的创作，只是最简单的、在木条中间加木皮的拼花方法，有趣的是随着刨削量的不同，中间的木皮会出现无法预料的变化。这也是这个工艺最有魅力的地方，充满了未知和即将扑面而来的惊喜。

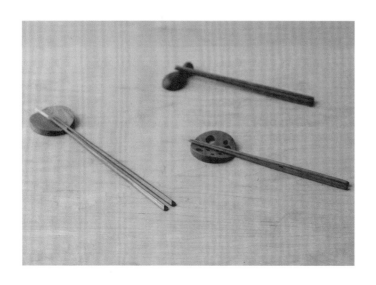

◀ **祈福筷**

　　过去的人们在不同场合会用不同的筷子。婚宴喜事会用两头削圆中间鼓肚的筷子，祝福长久圆满；祈愿长辈长寿，会用头尖身长的捞面筷；筷头呈均匀五角形、筷身棱面笔直的筷子，寓意五福临门。

▲ 儿童学饭筷

孩童的手比较胖，刚刚学吃饭的时候还抓不牢筷子，手部的肌肉力量刚刚开始形成，于是孩童往往很喜欢把小手攥成拳头来握筷和勺。因此儿童学饭筷相对成人筷更加矮胖，易于抓握，且勺面也设计了一个攥握的弧度，以防舀饭时掉落。

▌制作过程：拼木筷与筷托

木料

筷料——北美黑胡桃：长24×宽1×厚1		(cm)
筷料——北美硬枫木：长24×宽1×厚1		(cm)
筷托——北美硬枫木：长12×宽12×厚1.2		(cm)
筷托——北美樱桃木：长12×宽12×厚1.2		(cm)
筷托——北美黑胡桃：长12×宽12×厚1.2		(cm)

【生活职人】系列之木筷手作包

　　自从我们研发出了方便做筷子的工具，来工坊的朋友都愿意尝试用工具包去动手做双筷子，刨削、造型、打磨、涂装，在很短的时间内就可以感受一次用木头创造的完整过程。详情见封底二维码。

▼ 各种形制的筷子

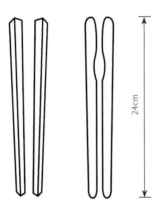

1. 准备

准备好刨子、刨台、筷料，在操作台上用夹具夹紧辅助器具。

2. 刨削

把长方形木料一头顶端的中点固定在附件中的锥子上，沿着木料长边方向反复旋转刨削，直到方料大致变为圆柱形。

木料两头都需要刨削，如果遇到卡顿，可以调整刨刀或者木料的方向。

制作过程：拼木筷与筷托

3. 打磨

使用目数递增（颗粒由粗到细）的砂纸依次打磨。

用 120 目砂纸粗磨定型，然后依次用 180 目、320 目、600 目的砂纸进行打磨，直到筷子非常光滑。

4. 涂装

打磨完成后，用蜂蜡、橄榄油或食品级木蜡油擦拭涂装筷子。

按照同样方法制作另一支筷子。

5. 筷托设计

　　用拼木的余料来制作筷托，首先设计绘制器形。

6. 锯切造型

　　在方料的状态下，用带锯锯切正反两面的曲线造型，然后在平铺状态下锯切成圆形。

7. 打磨

　　用手工锉初步打磨正反曲面进行造型，然后再依次用目数递增的砂纸打磨，直到光滑。

8. 涂装

　　用蜂蜡、橄榄油或食品级木蜡油擦拭，完成涂装。

2

还可以这样做勺子

把经过的时光，通过手里的材
料表达出来，以物寄情，把回
忆重现，也许是手艺人特有的
浪漫

生活需要仪式感吗？当然。只不过仪式感，不仅仅局限于张扬的表达，有时也存在于默默雕刻的时光。然后，通过手里的材料表达出来，以物寄情，把回忆重现，也许是手艺人特有的浪漫。

▲ 几何折页茶则

当工业化大生产能够带给我们更多价廉物美、品质优良的生活用品时，选择自己动手创作或购买手工制品，就必然拥有了特别意义。无论是自己制作赠予他人，还是购买设计师与艺术家的手作制品，大家对手工制品的期待已经远远超越了对基本功能的需求，而是更代表了一种特殊的情感连接，抑或是对美好生活的仪式感表达。

木勺是基础手工木作里常见的表达方式之一。一来应用情境广泛，民以食为天，小到喝茶与咖啡，大到从锅里舀汤，无论东西中外，大家对勺子都大有需求；二来操作相对简单，无论新手老手，拿上几把雕刻刀总能凿出个可用的物件，还不乏出现惊喜；三是工艺要求不高，手工作品总是情义大于功用的。所以，做勺子不挑工具，一把劈斧也能做成勺子；不挑效果，磨得粗粗砺砺也是心意。很显然，我们并不只满足于去做一把普通的勺子，而是想要在这些固有形态之上寻找"还可以这样做勺子"的理由。因为我们一直笃信，每一件"不普通"的手作器物，都是手作人将自己丢进生活里浸泡之后的闪亮定格。

生活中总有一些特别的情境让我们心生欢喜，念念不忘，这些瞬间往往会成为日后我们赖以创作的养分。除此之外，木材本身也能带给手作人灵感。每一种木材，甚至同一种木材的不同位置，其纹理都是不同的。就像做这些勺子的原材，有的完美漂亮，有的疤结不断，从这些自然赋予的东西里是看到美还是残缺？也是不同手艺人的选择。

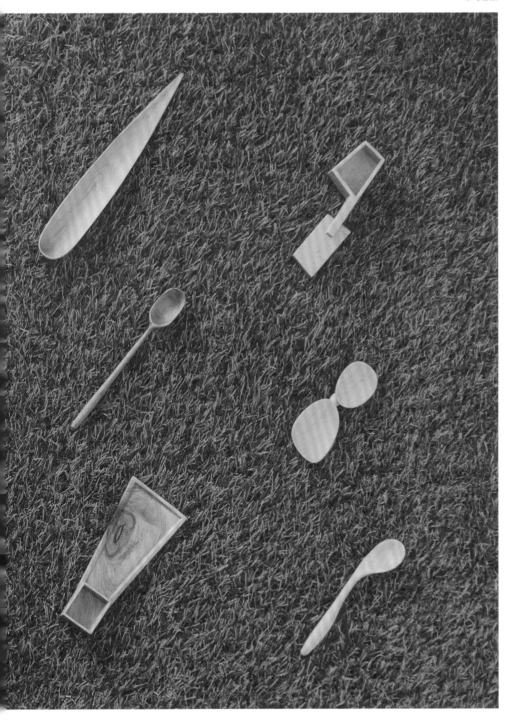

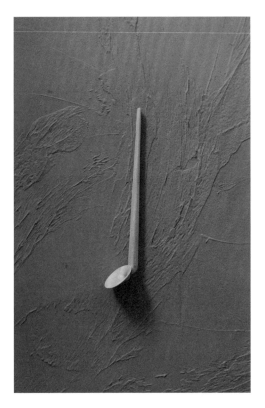

▲ 叶勺

这是为喝茶的朋友设计的一款茶匙。源于茶，自然而然便想到以茶之叶作为灵感，然而寻了很多也没找到理想的形状。一次闲时饮茶，随手捏起一片浸泡过的茶叶片，叶脉和叶片遇水后竟自己形成了一个"兜"，于是赶紧拿笔画下，再依型雕刻、打磨，一把简洁的茶匙就成了。

▲ 尝汤勺

尝汤勺其实很不同于一般形状的勺子，它需要勺柄够长，伸进锅里舀汤时不会被烫到，但勺兜只要一点点就足够尝出味道。恰巧这个尝汤勺的勺兜最初是一小块有美丽花纹的枫木，于是跟着花纹的形态，挖出一个小小的漩涡，像渔夫的斗笠，舀一口不多不少的鲜汤，缓缓送入口中。

▲ 气球勺

    漫过河滩的风乱吹着芦苇，窗外半空中慢慢飞过一只好大的气球。在那个大太阳下，一边笑得比满身的阳光还要烂漫，一边咧嘴咬着勺子吃冰淇淋的你，去了哪里？这只气球勺做给回忆中的你。材料选了北美硬枫木，清雅干净，跟那时的你很配。还特意刻了两只气球在一起的冰淇淋勺，愿不孤单。

▲ 几何勺

    这是一个单纯的以工艺尝试为出发点而设计的勺子。直线几何元素与自然材质的结合，勺兜用直刀和扁铲雕刻。勺柄与勺兜看似是插榫的连接方式，实则是由一整块完整的木料雕刻而成。这是一块原本有巨大疤结的木料，经过仔细地打磨抛光，原本的缺陷反而成为最精彩的地方。

制作过程：气球勺

木料

北美硬枫木：长 12× 宽 6× 厚 3　　　　　　(cm)

工具

带锯：用来锯切勺子的大致形状。
雕刻刀：包括圆刀、尖刀，用来雕刻勺窝以及勺柄细节。
手工锉：用来为勺子初步塑形。
砂纸：120 目、180 目、320 目的砂纸，用来打磨表面。
涂装油：使用蜂蜡、橄榄油、核桃油、食用级木蜡油等。

气球勺

　　气球勺的形态参考了荷塘里两块自由漂浮的荷叶，椭圆形、不规则，在水上的部分挖成自然凹陷的勺窝，水下的部分则由莲藕一般的茎状连接。

▼ **气球勺的侧视图**

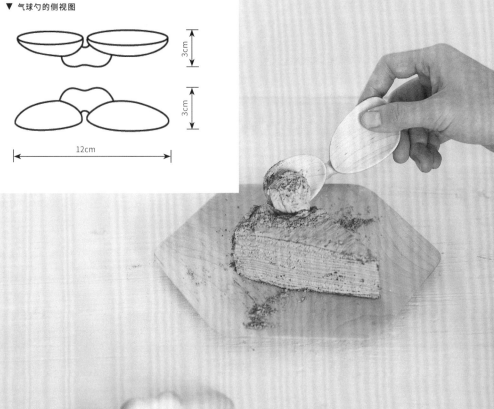

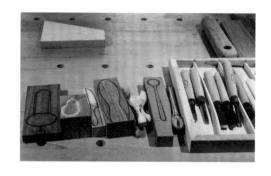

1. 准备

做勺子可以把边角料都利用起来。首先在木料上画好勺子的正视图，然后准备一套雕刻刀和木锤子。

2. 挖勺窝

用雕刻刀对勺子内部进行造型，挖勺窝。粗造型时可用木锤子敲，较细致的造型时可用两只手反复撬动雕刻刀。

气球勺两个勺窝中间是分开的，在锯切前就尽量把椭圆中间的缝隙雕刻出来。

用砂纸从粗到细打磨勺窝。

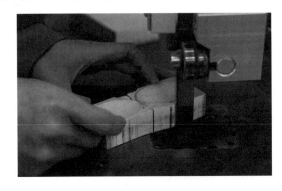

3. 锯形

　　按正视图锯形，注意在锯切的时候留铅笔线作为余量，以便进一步造型。

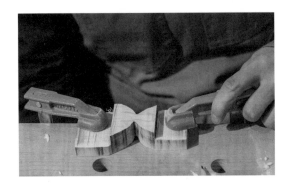

4. 雕刻勺底

　　一般勺子的底部直接打磨即可，但这把勺子底面相对复杂，需要再次雕刻。同时穿插锉削及打磨等工艺。

　　用雕刻刀进行大部分造型后，可以用小刀削圆其他部分。

　　调整造型。

用锉刀把气球勺底部锉圆。

打磨时，可以用木块卷着砂纸作为打磨块使用。

5. 涂装

勺子、筷子等入口食器，使用蜂蜡、橄榄油或核桃油等天然材料涂装。

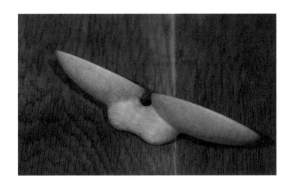

从侧面看气球勺完成品。

3

早安呀，砧板

对于砧板的创作，格外想通过
不同的设计和工艺给美食来一
个隆重的开场

可以发现，在中国人的饮食智慧中顺应自然、天人合一不只是文人墨客著书立说要达到的终极理想，也是普罗大众生活中无意识的追求。生活在南方的人体会更深刻些，家家户户做饭时砧板上琳琅满目的食材蓄势待发，但砧板却总是老样子，未能与食材呼应。所以，对于砧板的创作，格外想通过不同的设计和工艺给中国美食来一个隆重的开场。

　　在北京，三五分钟就卷好的饼类早点因这座城市的繁忙节奏而得以幸存。行人在上班途中，从煎饼摊前的人堆里接过老板递过来的早点，三两口吃掉或者塞进背包里去挤公交地铁。这样的早餐难免食不知味，也不健康。

　　早点的选择太少，有很多人早起一些或者周末在家的时候会自己动手做。我是四川人，所以想把四川人贪恋的那种安逸做在砧板里。四川的安逸从早饭就开始了，如果逢"赶场"（四川人称赶集为赶场），一条街上可能就有好几家拢着热气的铺子。敞开的门面中有许多小笼屉，里面蒸着各式包子、花卷、蒸饺、烧麦、糍粑，几锅老汤在炉火上日夜熬着，酱汁佐料大碗小盘摆在粉面摊前。如果在家吃，睡觉之前，爸妈常会问明天早上想吃什么，年轻人睡完懒觉，醒来已是满屋饭香。在清早穿过薄雾的氤氲光线里，一家人拉过竹椅子围坐桌前，好好吃了一天中的第一顿饭。

　　离开家乡后，虽然不能吃到同样的东西，但我还是希望能够用上一块带着家乡闲逸气息的砧板，提醒自己无论身处何方，都能像爸爸妈妈一样给全家一个美好的早晨。

▲ **扇形面鱼板**

这是扇子吗？几乎每个第一次看到这块砧板的人都会这样问，似乎无法相信这奇怪的形状也可以是砧板。扇形的设计的确是为了有趣，挂在厨房就能想起热得汗流浃背的夏天。中间的刻痕给擀面增添了花纹的乐趣，可以做出与众不同的面鱼。

▲ **试验瓶砧板**

试验瓶砧板是在熟悉了砧板基本的制作工艺后，反复琢磨进行的设计，创作过程中寻找一种平衡感，有趣又不出格，日常用起来有幸福感但又不减损功能性。这两块约2.5cm厚的枫木砧板，灵感是基于试验瓶外形，寻找最合适的角度制作而成。

▲ 独一无二的砧板

毫无瑕疵的木纹、完美对称的角度、打磨细致到反光，很长一段时间做木作的时候，都会尽量地追求完美。但追求完美也意味着放弃了惊喜，于是当你把目光投向最初拒绝的那些看起来疤疤癞癞的木料，心头的感应出现，就完成了这个独一无二的砧板。疤痕不再是被遗弃的缺陷，而是一个崭新的生命。

▲ 罐罐砧板

有一样东西是四川的早饭离不开的，那就是各种酸菜坛子和酱料罐子，再"毛子"的厨子，有了这些宝贝，做出一顿好吃的早饭也是稳妥的。这就是这些砧板看起来像坛子罐子的原因，一家人一起吃饭，将安逸生活的愿望寄托在里面。

制作过程：鸟刨砧板

木料

北美黑胡桃：长34× 宽24× 厚2　　　　　　　（cm）

工艺

通常的砧板都是精选没有疤结的材料，再统一造型批量生产，虽然完美却总少了些独特的味道。

本案例我们特别选了一些平时被当作废料的木料，在造型设计时根据每块木料的特点来进行设计。

工艺上，我们选择用鸟刨来进行手工刨边造型，让整个砧板都具有独特的手作感。

工具

带锯｜鸟刨｜台钻｜砂带机｜砂纸｜涂装油

▼ **各种形制的砧板**

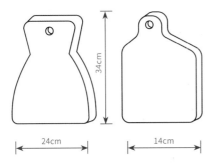

1. 选料

选择有疤结，或者尺寸很不规则的木料。有的木料很瘦，可以做成寿司板；有的矮矮胖胖，可以做成切菜板。

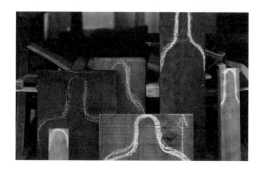

2. 设计

根据木料的特点来划线造型，要注意尽量不要把疤结的位置留在边缘。

3. 备料及准备工具

在工坊里选好的料都是毛料，需要用平刨和压刨把木材双面刨整齐。

▎制作过程：鸟刨砧板

准备好鸟刨、锉刀、木锤子等手工工具。

4. 刨削造型

把砧板夹在木工台上，反复用鸟刨在砧板边缘刨削造型。

刨削好的边缘与尚未刨削的边缘对比。

5. 锉与打磨

　　在用砂纸打磨前，可以先用锉刀进行锉平、锉圆。

　　打磨分为平面打磨和弧形边缘打磨。面积比较大的平面，适合用砂纸卷着打磨块反复打磨；弧形边缘部分，用手拿着砂纸直接打磨即可。

6. 涂装

　　砧板使用蜂蜡、橄榄油或核桃油等天然材料涂装。

　　砧板涂装完成。

4

六角看盘盒，不一样的食器

源于古人的两种高脚食器：豆和牙盘

围观古人的时候，我们尽量以当时的角度来思考他们，因为他们在自己的时代就是当代的。源于历史观看角度的这件六角看盘盒，在经过我们重新设计后，由六角塔盒和看盘盖组成，既可以让人轻松上手木作，又能为当下的日常所用。

▲ 六角看盘盒

这件六角看盘盒的形制创作，来源于中国古人的两种高脚食器：豆和牙盘。

诗经《大雅·既醉》中曰："笾豆静嘉。"此处器物似能让人感到岁月静好。《小雅·宾之初筵》又曰："宾之初筵，左右秩秩。笾豆有楚，殽核维旅。"这是说宾客准备宴饮，礼让有序入席，而食器食物也是丰富而整齐陈列的场景，气氛雍容。"笾"和"豆"是两种装食物的容器，诗文典籍中多有出现。"笾"为竹制，似乎已无实物可考；"豆"则是比"鼎"或"簋"之类的显赫食器更为常用的食器，木、陶、铜等材质的"豆"都有文物留存，形为高脚球盘，好像一个地球仪，先秦时大量用于祭祀和宴饮，集储存和展示食物的作用。

另一类使用普遍的高脚食器就是"牙盘"，形制多样，流行于唐宋。关于牙盘及牙盘食，扬之水先生在其敦煌艺术名物丛考《曾有西风半点香》中有很详细的梳理，此不赘言。其中有趣的是，牙盘还是所谓"看食盘也"，也就是用来把各色食物美美地摆起来，首先是为了好看。这一点宋徽宗的《文会图》可窥其一斑。在可以围坐十几人的大方案上，各色果食摆在八个大牙盘上堆叠得像圣诞树一样，所谓"珠花看果"，使这个文人茶会的仪式感寓于一种闲逸的喜悦之中。

▶▶▶

▶ ▶ ▶

　　所有这些来自历史的实物或对历史的想象，也许都可以让人们从当下的生活中暂时抽离出来，在概括性观看中获得一种历史感，体悟不断逝去的幻景里那一道道浮影。围观古人的时候，我们尽量以当时的角度来思考他们，因为他们在自己的时代就是当代的，有相当一部分欢乐忧思和如今的我们是相同的。载入史册的大多是那些大事，彼时他们是概括的，甚至是带有偏见的作者笔下的角色，而这些关于吃穿住行的细节，或许更能让历史鲜活。

　　源于历史观看角度的这件六角看盘盒，在经过我们重新设计后，由六角塔盒和看盘盖组成，既可以让人轻松上手木作，又能为当下的日常所用。以多变的盘子当盒盖，既能储存也能展示，无论作为食器或者茶仓都颇有雅趣。

◄ 多层塔盒

多层塔盒的每一层可堆叠在一起，也可各自为用。一件件展开时桌上一片热闹欢乐；彼此之间渐变的尺寸叠放一起时，又极具结构美感，侧边上下相连，呈现整片硬枫木精美的山水纹路。

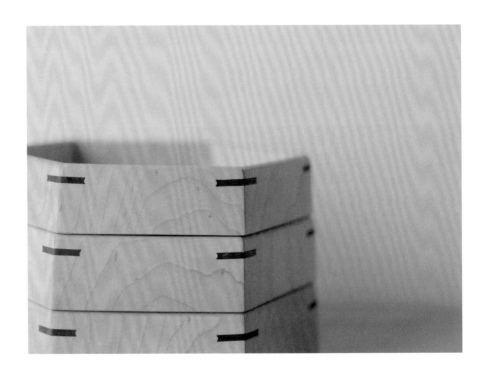

▲ 六角看盘盖

　　看盘盖的底部有一个小小的六角高足，这样看盘盖单独放于桌面时自成一体，且与塔盒上面的尺寸刚好吻合，置于塔盒顶时又彼此卡合很是稳定。看盘盖本身通过雕刻打磨有一个主视角的斜度，使得形式感十足，完美诠释"看"的趣致。

制作过程：神秘的六角看盘盒

木料

北美樱桃木：6片 长14×宽8×厚1		(cm)
北美樱桃木：2片 长16×宽16×厚2		(cm)

灵感故事

　　一次杭州之旅，我们在西湖边的私人茶园里看到一栋古典木建筑，在氤氲的湿气里，那座建筑像动漫里的小小茶仓神殿。于是，这引发了我们一物多用的想法——既能储物，盒盖又可以直接当盘子使用，而整个锥状的形态正是那幢神秘建筑给予的灵感。沿着这个想法，我们在历史文献中又发现原来早有如此器物的原型，且其丰富程度蔚为壮观。甚是感慨后，便将这一想法深化，为木作爱好者们研发了一个可以延伸出更多创作思路的基本版六角看盘盒。

▼ 结构

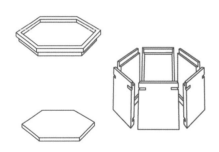

1. 下料

　　为了做出这个锥型盒子，工坊特制了一个治具，它可以配合台锯切出有角度的六片侧板。

各个角度的模具。

2. 刨削

　　刨削六片侧板接合角度的模具。

制作过程：神秘的六角看盘盒

尽管有模具辅助，手刨也需使用熟练，控制平稳，才能刨出和模具角度面齐平的接合面。

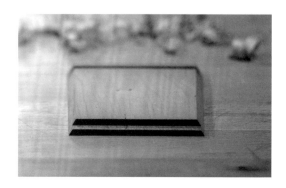

检查接合面是否有缝隙。

六片锥形木片刨好的效果。

3. 做盒底

用皮筋临时固定六片侧板，以画出盒底的形状。

盒底尺寸以最后能装入侧板内槽为准。

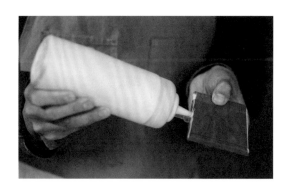

4. 胶接

将六片侧板和盒底组装胶接。

建议使用绑带，可以提供比皮筋大得多的夹持力。

制作过程：神秘的六角看盘盒

5. 制作盒盖

 台锯切出盖子起口。

 这个盖子同时也是个浅盘，盘面可以用雕刻刀制作，最后用平刀切出整齐的边缘。

6. 做榫口

 用锯和凿子配合，做一组榫口，可以让盒子更坚固。

 将榫片敲入榫口。

锯掉榫片多出的部分。

7.打磨

　　用逐号砂纸多次打磨平面。

8.涂装

　　食器涂装推荐蜂蜡、橄榄油、核桃油或食品级木蜡油等环保材料。

涂装完成。

雅
物

5

三层嵌套的木之笔

追随复古和纯粹的形式

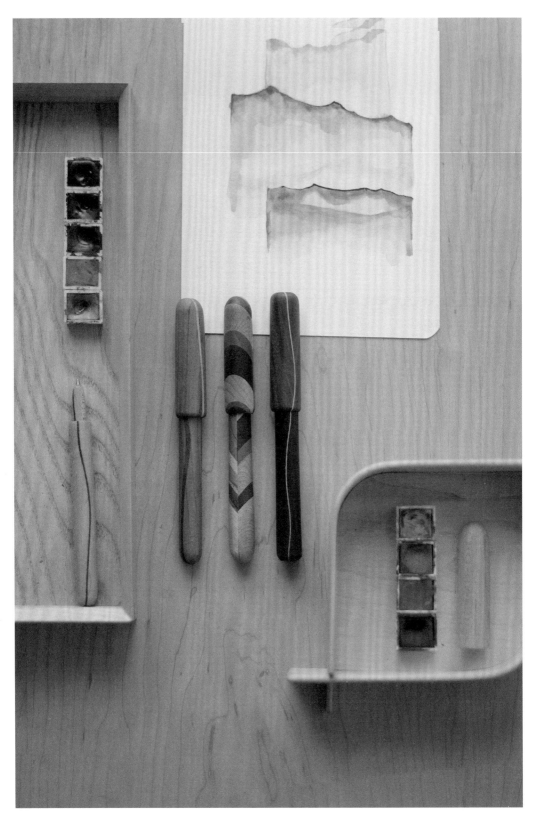

自古好的榫卯都是将木头的软硬考虑在内的，要达到严丝合缝，常常不是尺寸刚好，而是要多出一点，这一点是用锤子敲几下挤进去的。这支具有异曲同工之妙的嵌套工艺木笔需要的正是"这一点"。

▲ 借鉴寄木细工制作的拼花木笔

据说，香港铜锣湾有个年轻人叫 Jerry，因为爱好文具，所以开了一家小店，好到世界各地文具控们都会去"朝拜"。尽管没有到 Jerry 对文具的迷恋程度，但对于喜欢将想法转而谋之于文字的人来说，用木头做笔确是一件充满归属感的事。

在使用鹅毛笔或者毛笔书写的时代，远方的人们交流多是通过书信，寥寥数语却郑重其事，写的人用心，看的人动心。因此，我们想要做一支追随这种复古而纯粹形式的、除了笔芯以外其余全是木头的笔。尽管有很多木作爱好者做笔，但是几乎所有的笔都得借助于金属或塑料的配件。其实，把笔的结构拆开来仔细分析，笔杆、笔头、笔帽和笔芯，其中必须要用到其他材料的地方就是笔尖或者笔芯的固定，这些通常是靠金属和塑料螺纹拧接，因为相对木螺纹能使用更持久。那么，除此之外能不能从其他角度思考，设计出一种更牢固的木质固定方式呢？

记得在一次日本家具的分享活动上，见到了来自飞驒地区[1]的软木压缩技术。尽管了解木头是有弹性的材料，不过当当手里拿着被压缩了一半体积、沉如橡木的松杉木时，还是觉得很神奇。

自古好的榫卯都是将木头的软硬考虑在内的，要达到严丝合缝，常常不是尺寸刚好，而是要多出一点，这一点是用锤子敲几下挤进去的，这一点是多少就看木头的软硬，也正是这一点让这支笔能够成立了。笔杆、笔头和笔帽，靠木头之间的一点点挤压，得到一个不松不紧的摩擦力，相互嵌套，把笔芯固定在中间。看上去不难，但是能不能找到那个刚好的度，往往就在于这个既能固定又能方便拆装的摩擦力。毫厘之间的差别，其实很容易前功尽弃，所以做这支木笔需要有足够的耐心。也许，在完成之后会发现，这支笔的制作过程恰是送给制作者的额外礼物。

[1] 飞驒：日本岐阜县的北部。

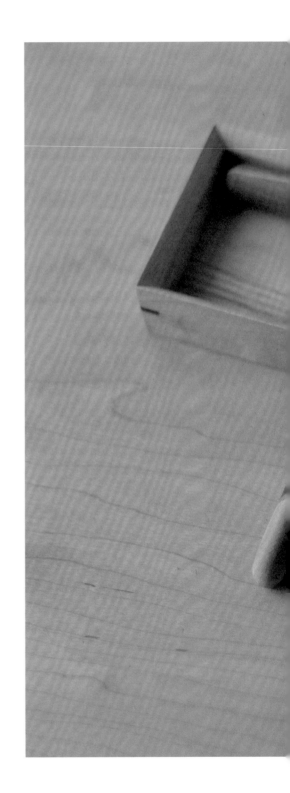

　　我们借鉴了寄木细工的方法，把不同颜色的木头组合在一起，构成具有几何趣味的图案。一支小小的木笔也可以承载不同的想象力，这是做木作的一大乐趣。

设计分享

◄ **拼花木笔**

　　嵌套木笔的笔套需要聚气凝神打磨出不多不少的摩擦力才能做到不松也不紧。当你拔开笔帽准备书写时，这个摩擦力还会带来一声好听的脆响，非常有趣。

◄ **流线木笔**

　　黑胡桃虽有漂亮的山水纹，但在木笔 1cm 左右的小截面上难免施展不开，如果加入一片硬枫木皮，一条浅色的流畅线条就在黑胡桃暗纹的底色下犹如山涧的小溪一样活泼起来。

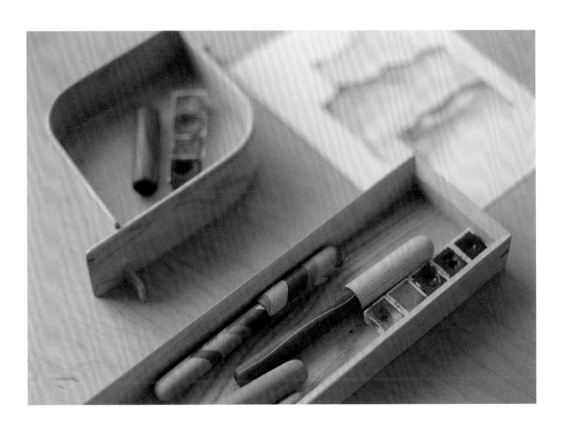

▲ 可以随意组合的木笔

画水彩的时候我习惯用防水笔打稿，做木笔后就特意做了一套专门用来打稿的笔，和朋友一起出去写生时格外帅气。设计一套笔具的好处是木笔元件之间可以随意组合，总有新意。

制作过程：拼花木笔

木料

北美黑胡桃：长 20 × 宽 3 × 厚 2.5		(cm)
北美硬枫木：长 20 × 宽 3 × 厚 2.5		(cm)
北美樱桃木：长 20 × 宽 3 × 厚 2.5		(cm)

▼ 做木笔的工具

　　笔杆、笔头和笔帽是靠彼此之间微妙的摩擦关系相互嵌套。这做笔的刨台治具也是依三者比例而设计的。

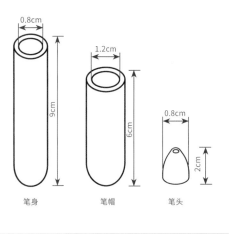

笔身　　　　　笔帽　　　　　笔头

1. 备料

　　将不同颜色和纹理的木料搭配成设计好的图案，如果镶嵌曲线，需用带锯流畅锯切木料，然后在中间拼以不同颜色的木皮，单层或多层均可。

2. 胶接

　　使用胶接强度更好的进口环保木工胶，这类胶开放时间一般在 15 分钟以内，所以操作务必快速，可以两人或多人协作。夹具使用夹持力更大的柄夹和 F 夹。

3. 锯切

　　胶干以后，用台锯锯下好的笔料。

　　根据笔帽、笔身和笔头各部分长度，用台锯或带锯横截木料。

4.钻孔

　　木笔各部件均靠插孔嵌套，以笔身钻孔为例，需根据不同笔芯的长短，用台钻和平口钳配合，钻出与笔身平行的固定深度孔。

　　笔头孔为穿透孔，笔帽孔深则取决于笔帽盖到笔身的位置。

5.刨削

　　使用元工坊为纯手工木笔特制的刨台制具，把方形笔料夹持固定。

　　用手刨将方料均匀刨圆。刨削的要点在于始终刨木料的棱角。

　　刨削时，随时注意木管壁的厚度，要足够结实，建议管壁厚度不低于1.5mm。

6. 打磨

先用 60 目粗砂纸，将刨削好的粗糙圆料打磨至更圆，同时也可微调管壁厚度。

用细砂纸细磨管壁，程度因不同效果而异，建议尝试打磨到千目砂纸，使用时会有圆润的触感。

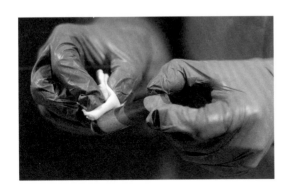

7. 涂装

木笔涂装建议用木蜡油或虫胶漆等环保材料，注意需将木管内外壁全面擦拭三遍以上，多多益善。

分别晾干后，组装测试木笔各部件的嵌套摩擦力和手感。

6

组子细工，毫厘之间的修行

双手需要摸过多少木片，才可
以有这样的作品

65

组子细工，其实是两个词的组合。组子，以榫接工艺将木片排列出千变万化的复杂图案和繁复花纹，过程中不用一钉一铆；细工，意为精巧的工艺。因此经常可以看到"寄木细工""莳绘细工"等。

这种技艺的历史可以追溯到中国古代的窗棂。在中式木质结构建筑中，窗棂是重要的构成元素之一。窗中或横或竖交错的木条，就是窗格，也是组子片。汉唐时期传入日本，发展成组子细工，多用于古建筑的梁阁栏嶂等。经过几百年的传承，至今组子细工已演化出两百多种纹样，应用于门窗、橱柜、日用器皿等，无处不见于生活中。

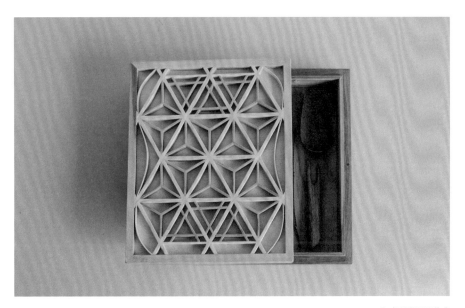

▲ 组子细工器物盒

笔钩 2 只、框架厚木条 8 片、三角木块 12 片、长薄木条 32 片、短薄木条 161 片，这些是这个笔架所有的零件数目，共 215 片。

这些木片需要连接在一起，每一片有两个连接处，或刨或锯，共 430 处。

每一片需要用至少两种粗细的砂纸各打磨一次，共 860 次。

另外，由于组子木片的结合，精度要求比较高，虽然都有尺寸，但毫厘之间全靠手感，过程中难免有返工重做的木片，所以实际数目其实更多。

我们把精确的数目罗列出来，不是为了炫耀。对于专业的组子匠人来说，这个笔架的数目并不算多，跟更大面积的屏风、门窗相比，这个笔架的体量简直是太小了。但是，在制作它之前我们就想要数数看，双手需要摸过多少木片才可以有这样一件还算满意的组子细工作品。

▶ ▶ ▶

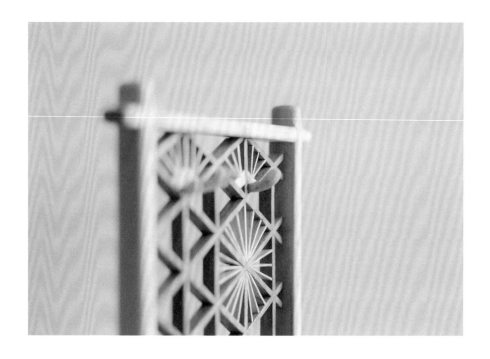

▶▶▶

开始，满怀期待，希望能做点好东西出来。不过，做着做着，这种热情逐渐被几百次重复枯燥的劳动消磨。这时候脑子里会生出很多念头，停下或继续？停下无需解读，继续的话又要以何种心态面对呢？西西弗斯[1]不断重复、永无止境地推一块巨石上山，这种无效无望需要用什么心量来解救呢？其实，每个人在某种意义上也都推着一块巨石，等待着有一天必然的坠落。很多时候，更困难的不是下一次，而是一次又一次。

无论如何，做木作还是有间隙可以一边干活一边思考些什么的，被击打过的热情随着自由生长的思考也慢慢转化为某些不可小觑的能量。就这样，一个让人念头丛生的小小笔架做完了。

@ 手作者说

其实，做笔架的想法源于跟师父习字，还源于在师父主持下制造的一支好毛笔，更源于师父所做的千百善业。小到文房家具、茶杯香囊，大到修路建寺、治农引商，这些实际事务无不繁杂、精细，却无一不有章有法。

---

[1]　西西弗斯：希腊神话中的人物。

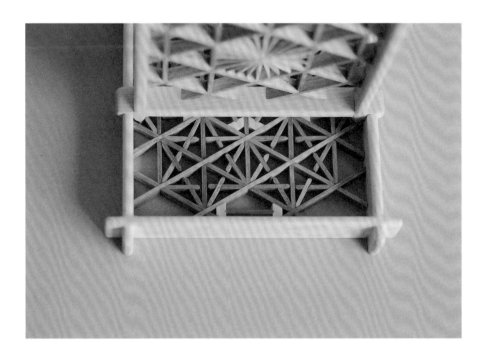

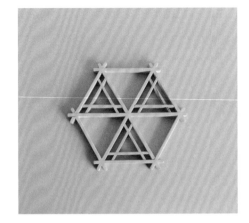

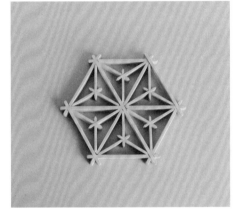

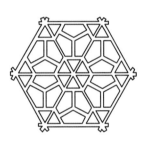

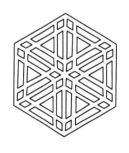

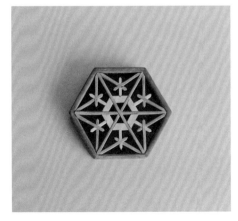

▲ 组子细工纹样

▲ 组子细工器物盒

　　组子细工经常作为装饰纹样出现在木作器物中，例如古代的屏风、门窗上的装饰。虽然，现在很少有人会像古时候花费那么多时间和精力，来制作庞大繁杂的组子细工装饰品，但为日常的有用之物增添一点手作的味道，仍是件颇为美好的事。

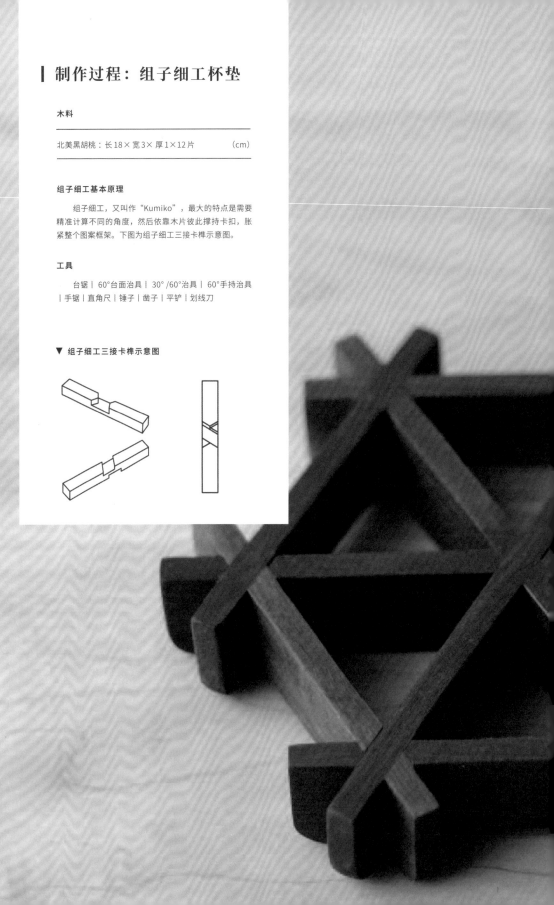

制作过程：组子细工杯垫

木料

北美黑胡桃：长 18× 宽 3× 厚 1×12 片　　　　　　（cm）

组子细工基本原理

　　组子细工，又叫作"Kumiko"，最大的特点是需要精准计算不同的角度，然后依靠木片彼此撑持卡扣，胀紧整个图案框架。下图为组子细工三接卡榫示意图。

工具

　　台锯｜ 60°台面治具｜ 30°/60°治具｜ 60°手持治具｜手锯｜直角尺｜锤子｜凿子｜平铲｜划线刀

▼ 组子细工三接卡榫示意图

1. 下料

用台锯下料，切出若干薄木片。组子细工用料厚度通常只有几毫米，此处先制作一组便于观察的放大版。

2. 画图

三角形是组子图案的基本形，进而有菱形或六角形，在这些形状中填充不同木组子以构成图案，这些图案样式和大小需先画图样。

3. 划线

手工制作组子，需根据图样尺寸在木料上划线。

相同的尺寸可并排批量划线，省时省力。

制作过程：组子细工杯垫

4. 锯切

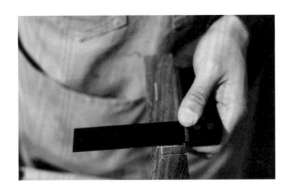

如果没有特别标注，锯切的深度也需要提前画好。

锯切的深度为木条宽度的一半或三分之一。窍门是可在锯子上做深度标记，免去重复划深度线的麻烦。

锯出边线以后，用细凿子剔出卡口。

将上一步锯好的各榫口错开一个榫口的宽度重新叠在一起，以备接下来的锯切。

再次将这一部分锯成可以将三根木片卡在一起的榫口。

全部锯切好的三接榫。

5. 组装

　　单个组子细工木片都较薄弱，卡接时需轻敲各榫口使其均匀咬合，过紧过松都需调整。

6. 涂装

　　用蜂蜡、橄榄油或木蜡油完成涂装。

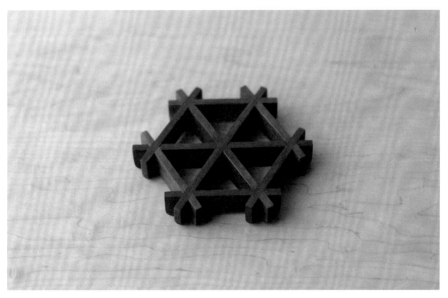

▲ 组子细工杯垫

7

柔软的木头，一片曲木盒

木材非坚硬之物

曲木盒的核心工艺是蒸汽弯曲，基于弧度优雅的木片，再进行有趣而又充满灵性的创作。在曲木盒的制作工艺中，形态设计是较难把握的，每一个形态都要通过一个实心模具来辅助定型。想用传统的工艺去突破前人的创造，做出看似随意却又令人倍感舒适和感动的作品，必然要经过反复的尝试与调整。

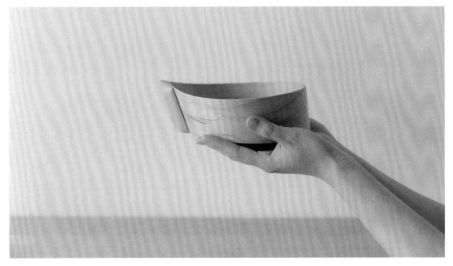

▲ 一栗曲木盒

我们通常都会觉得木材是坚硬之物，但"曲木工艺"的出现改变了人们的这种想法。它用蒸汽把薄木片弯曲，然后晾干定型。大家较为熟知的曲木盒，是被现代木作界称为"Shaker box"的椭圆形食盒，最早出现的年代已不可考。后来，在 18 世纪中叶，随"Shaker 教派"[1] 的出现，才被量化带入人们的视野。直到 19 世纪，它还是富裕阶层才享用的昂贵手作礼盒。

如今，即便在现代的木作工坊里，曲木盒也不是很常见的工艺，因为其工艺复杂，而且失败率非常高。首先，备料的时候得把木料破成薄薄的一片再刨平，这个过程中就容易损失很多木料，所以一片长 1m、厚 3mm 的硬枫木片，价格反而要高于同等大小、但厚出几倍的 2cm 厚料。其次，是蒸箱的问题，可以购买，也可以自制，但蒸箱的长度决定了能够制作的曲木容器的最大尺寸。一般的工坊里并不会配备工厂级的大蒸箱，因此能够制作的也只能是体量不大的器物。而且如果蒸煮时间和温度把握不够，木片在弯曲过程中会非常容易劈开。

原研哉先生曾经说："传统肯定期待能延续到当下，而当下也希望珍惜传统，若只是把两者不连贯地混杂在一起，是简单粗暴且不够严谨的。"在设计制作曲木盒时，形态设计是较难把握的，每一个形态都要做一个实心模具来辅助定型。想用传统的工艺去突破前人的创造，做出看似随意却又令人倍感舒适和感动的作品，必然要经过反复的尝试与调整。

---

[1] 　那些生活在半修道院式村落里的"Shaker 教徒"，用双手制作他们日常所需的每样东西——衣服、桌椅、箱匣、扫帚。"Shaker"遵循"规律则美""实用即美"的原则，他们的精神领袖如是说："以你还可以活上千年，以及你明天即将死亡的心情，完成你所有的工作。"大多的"Shaker"用具都拥有极佳比例，线条优美对称，使用的素材及结构都以简单、干净、轻盈为考量。在他们的生活场景和日常用具中，堆叠成一摞、大小不一的"Shaker Box"，是"Shaker 工艺"的主要代表。

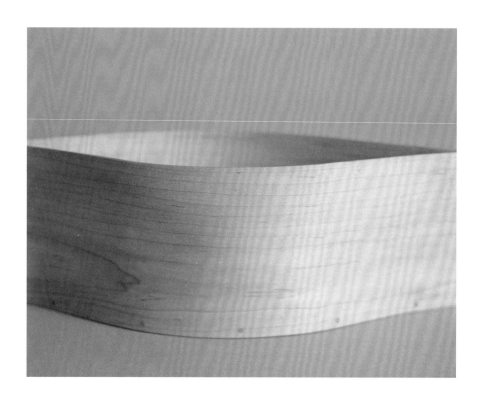

▲
一片曲木盒

北美硬枫木纹理细腻，大片的山水纹曲折蜿蜒，配着微微泛黄的牙白色，有种静谧坚韧的美，让人忍不住想把这一整片木的摄人力量，都完整地呈现出来。

这片木片相对更长一些，绕了整整一圈后，两端又重合在一起，然后用手工编织的方法去处理连接的部分。木与麻都是属于大自然的，希望有人背着它去郊外，或采花，或野餐。

一直觉得，一滴水在坠落的过程中，是可以映照出大千世界的，所以对水滴形状情有独钟。这款曲木盒的首尾处并没有足够长的木片可以重叠搭接在一起，于是想到了用两个木条顺着木片打孔，然后用麻绳编织绕紧的方法来处理收尾。

设计分享

▼
一柱曲木香盒

这是"心手合一"的体现，每一个工艺步骤都极为细致，细小的榫和铜钉表达着节制。

@ 手作者说：

做这个香盒缘于与果平法师的相遇。果平法师是崇州白塔寺住持，一次讲法时说到，学习佛法要像农民种地一样不断耕耘，知道了还要修，修福德修智慧，福德智慧像焚香一样，始终熏习而来。法师的意思我有点体会，在工坊里经常有身处清净、自然善正的感受。

那次一个师兄托我给她做只香盒，说朋友原本送了她一只，但是盒短香长，装不下。师兄平日待人如阳光雨露，有她在处我们都能感到透彻明亮，对我的影响就像熏习我们的善香。她拜托我做香盒的时候，我脑海里还琢磨着师父的开示，两相映照心中合十，笑着接了这个"活儿"。

师兄需要一个储香的盒子和一个香托，通常来说这是两件分开的器物。我也想了一些分开做的方案，均显啰唆，不合我对师兄清静明朗的印象，最后还是决定尝试将香托做成一体。盒体用蒸汽曲木技术，以一片木片弯合而成。香托既可以插香，同时也是"盒盖"，两相合置，比普通香器高出许多。整体造型来自佛家的莲花，取其清净向上之意。两颗插香的木石子需认真垒叠，像玛尼石一样点在莲心。这样在佛前供香，也许可以衬托供香人诚意庄严的回向。

当然，这是我做香器时心里怀着的愿望，以物喻人，但愿能表达对善知的敬意。

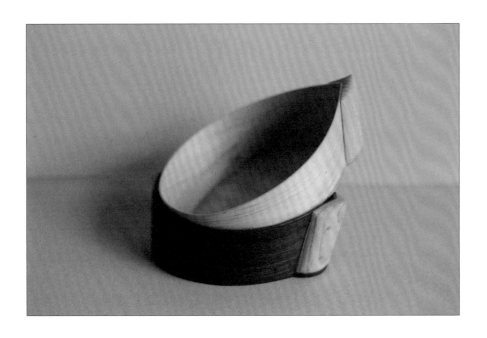

本是需要一个放坚果的盒子，
索性就循着坚果形态而来吧，取名
"一栗果盒"。这片曲木不同之处
在于它不是对称的，封口处有倾斜
的角度，在蒸好固定木片时会略费
点功夫。

制作过程：有刮痕的曲木盒

木料

弯曲木料——北美硬枫木：长64×宽10×厚0.3　　(cm)
盒盖木料——北美硬枫木：长23×宽12×厚1　　　(cm)
盒底木料——北美硬枫木：长23×宽12×厚0.8　　(cm)

蒸汽弯曲以及手作痕迹

　　元工坊的老师独立研发了蒸汽弯曲设备，结合传统
蒸汽弯曲工艺，做出了各种新的结构和造型设计。本案
例与大家分享的是鹅卵石造型的食盒制作。在盒盖的制
作中，我们特别保留了鸟刨刮擦的痕迹，朴拙且有手作
的温度。

▼　各种蒸汽弯曲木盒形制

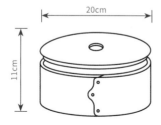

1. 画线

用模板在薄木片上画出接口的形状。木片以枫木、樱桃木等韧性较好的木料为佳。

2. 锯切

用窄条带锯切出接口的曲线形状，注意保留画好的边缘线。

3. 粗磨接头

在砂带机上将木片另一头磨成渐变的厚度，以便接头重合时不留台阶。

制作过程：有刮痕的曲木盒

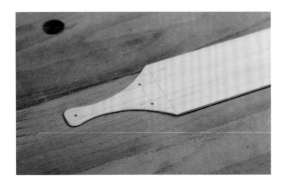

钻好钉眼的接头。

4.蒸木片

将做好接头的木片放入蒸汽箱中，蒸 30 分钟左右。

5.弯曲

在准备好的模具辅助下迅速弯曲木片。通常在一分钟左右完成操作，否则木料折断的概率会增加。

用弹簧夹将木片围绕模具固定。

等待木料晾干定型，
形状越复杂，木料越厚，等
待的时间越长。时间充足的
话，第二天拆夹子更好。

6. 上钉接合

在预先打好孔的地方敲
上铆钉，连接弯曲好的木片
头尾。

7. 制作盒底

盒底也是薄木片，根据
接好的盒圈画线。

▎制作过程：有刮痕的曲木盒

盒底要严丝合缝地镶嵌在盒圈里，需要细微打磨，慢慢调试放进去。

用画线器标记盒底铆钉的位置。

安装能卡住盒底的铆钉，使其固定得更好。

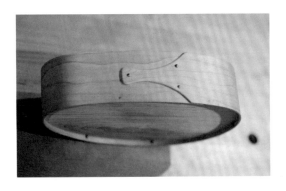

8. 制作盒盖

盒盖的企口是在铣床上用直刀铣出来的。

钻出盒盖拉手孔，孔径大概 20mm。

鸟刨刨出盒盖渐变的弧面。

9. 涂装

盒盖有刨痕的曲木盒的各部分都完成后，用蜂蜡、橄榄油或木蜡油完成涂装。

家具

8

废木重生的松木凳

在爱木人眼中，每种木头都有
独特之美

> 虽然，我们常用的松木并不一定是诗画里松的种类，但依然无法不对它产生另一层情感。它参与构建了我们的日常生活，更是我们精神世界的老料。

　　西谚有云："一千个人心中有一千个哈姆雷特。"翻开古今诗词就知道，松在文人眼中也是千姿百态各有情趣，且深深地渗透于中国文化。作为材料，"松"是特别平常甚至廉价的，它也许是世界上使用量最大的一种木材。在主要依赖进口木材的中国，近几年每年进口松木锯材 2000 万 m^3 左右（$1m^3$ 的木材可以做一个普通家庭整屋的家具），其他几十种进口木材全加起来大概是这个数。因此可以大胆猜测，这是一种几乎人人都见过用过的木头，它和人们的生活有着密切的关系。

　　大概从五代后梁画家荆浩开始，文人墨客大量以松入画，不过他们当时看到的也许只是中国中部和南部数量较多的马尾松或黄山松（自然界的松属树木有 100 多种，市售常见松木材为白松、赤松等十数种）。虽然，我们常用的松木并不一定是诗画里松的种类，但依然无法不对它产生另一层情感。它参与构建了我们的日常生活，更是我们精神世界的老料。

　　做木作的人都对木头有种天然的喜爱，它的纹理、颜色、气味揭示着自然生命力和神秘性。虽然木头在市场上有贵贱，但在爱木人眼中，它们是一样的，每种木头都有其独特之美。所以，在看到改建家具展厅拆下来的很多松木木方、木条时，我们本能觉得它们可以用来做些别的东西。所谓废木若能被再利用，那就是普及木作这种工作的幸福。木方大多是碗口粗的建筑用料，比普通的家具用料尺寸粗得多。松木较软，以普通尺寸 (5cm 见方以内) 做成家具确实不耐用，那何不就着材料做些尺度较粗的设计呢？商业家具，以节省材料的经济环保理念，通常往轻巧的方向发展，而把粗笨的建筑木方再利用，正好解放了材料的尺寸限制，可以环保地任性一把。

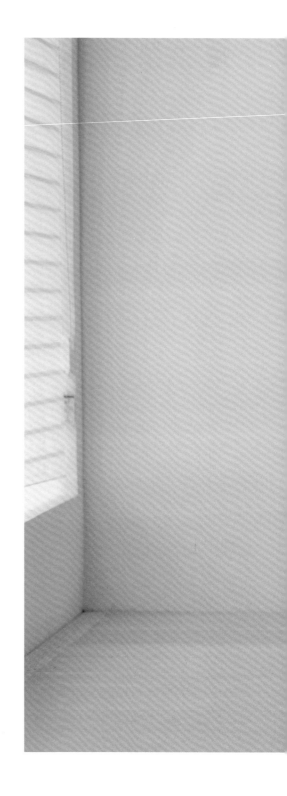

松木属于软木，比较便宜，用得多，浪费也多。然而每种木材都有其独特之美，只要对每种木材多一层了解，便会多一层爱惜。

设计细节

◀ 轻翼飞举的凳面

　　工坊木作课为了让学员练习结构，特意设计过一把凳面分离倾斜的凳子。类似造型的还有日本著名设计师柳宗理先生的作品蝴蝶椅等。这种两翼飘飞的凳面一直颇受大家喜欢，所以我们也按照自己的想法做了一个，像是用作品参与了设计师们某种有意思的讨论。

　　凳面轻翼飞举的姿态正好和粗壮苗实的松木腿有一个自治的矛盾。由于腿部够粗，结构榫卯也相应变大，只需两片斜长插肩燕尾榫便足以承载人身体的重量，就像坐在房梁柱头上，稳稳当当。

▲ 布满钉眼的凳腿

　　展厅拆下的松木方布满榫口和钉眼，但与其直接被当作建筑废料粉碎回收，倒不如进行巧妙的再设计。如若工坊里都换上这朴拙的松木腿凳子，工匠氛围也许会更加足了。

制作过程：松木腿坐凳

木料

北美硬枫木：2 片 长 24× 宽 14× 厚 3　　　　　（cm）
废弃松木方：4 块 长 48× 宽 10× 厚 10　　　　（cm）

灵感故事

　　工坊里常有些艺术分享活动，活动的时候椅子垫子便不够用。所以，这凳子做成了可以拆卸的形式，平日里收纳起来，需要时拿出来。拆下凳腿时可以作为矮凳，加上就变成正常高度，高低错落方便使用。

▼ 凳子结构与尺寸

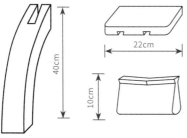

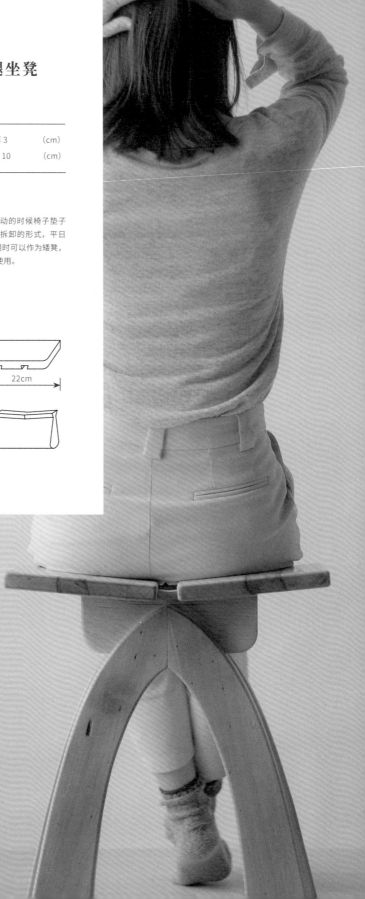

1. 备料

用回收木料需要保证将暗藏的钉子和五金件完全拆除或避开,否则会伤害刃具,发生危险。

用模板画线后确定尺寸,粗切木料。

2. 锯凳腿

用大带锯按照画好的线锯出凳腿造型。

制作过程：松木腿坐凳

用砂盘机打磨木腿粗糙的锯切面。

3. 制作榫口

在曲面画线后直接锯榫易出现误差，所以，最好是在锯切时先留线，之后大出的部分再用平铲修整。榫口是长度5cm以上的燕尾榫。

用凿子剔出锯好的榫口。榫口是透口，需两面凿。

4. 制作凳面托

凳面托是两边有斜长燕尾榫榫头的异形枫木板，制作工艺类似雕刻，需将所有榫线先仔细画出。

用带锯锯切斜燕尾榫头斜角。

用雕刻刀雕刻斜长燕尾榫榫头。

▎制作过程：松木腿坐凳

用台锯锯切另一边直长条燕尾榫榫头。

剔除两条燕尾榫榫头之间的余料。

凳面托基本完成。

5. 制作凳面

选择了两块硬枫木作为凳面，用台锯斜切凳面上的燕尾榫口槽。

6. 整体组装

因为希望这个凳子既可以拆分使用，又能尽量稳定，所以凳面托与凳腿榫口卡和比较紧，需要用锤子反复敲紧。

凳子全部拆开时的状态。

9

七度衣架

衣架是用来搭衣服，而不是挂
衣服的

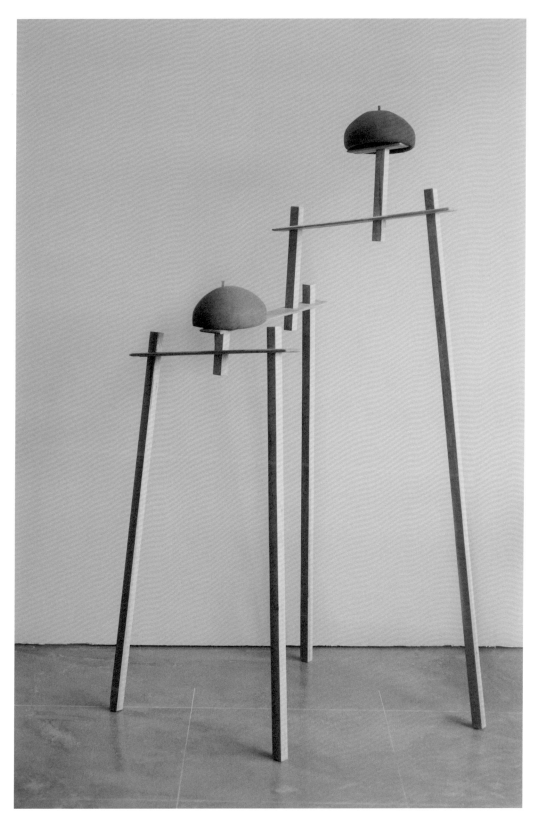

> 当衣架被赋予暧昧的实用性，反而容易从有用的层面解放出来，尽情从无用之处去着手，最后能做成独立成景之物也未可知。

▲ 七度衣架一角

一直以来，对衣架没什么特别的印象，房间里有了衣柜，衣架的地位就比较尴尬。那么我们是否真的需要一个衣架呢？以我的生活为例，就很需要它，否则家里的沙发、座椅、玄关柜上都会被我随手放的衣帽所占据。大多数人一天工作结束风尘仆仆回到家，已无心力如数收拾它们到衣柜，因此如果有这样一个衣架，就可以挂一周常穿常用之物，它静静地伫立在那里，是我们每天进出门的得力助手。

做木作后见到过不少好看的衣架，例如希腊设计师 Yiannis Ghikas 设计的名为 "game of trust" 的衣架，素元空系列中的枫木衣架，以及王世襄先生在他的明式家具十六品 "典雅" 一品下所评之黄花梨衣架残件中牌子部分，都是让人过目难忘的例子。

王世襄先生说，衣架是用来搭衣服，不是挂衣服的。我们顺着先生的话查到，原来衣服的搭挂之法是有讲究的：横竖有分别，立着的木头榫则挂之；横着的木头樾则搭之。衣服搭和挂也有不同的味道，衣物搭在架上若展若招，就像画和框裱的配合，最终可以成为衬托生活空间气质的一部分。当衣架被赋予暧昧的实用性，反而容易从有用的层面解放出来，尽情从无用之处去着手，最后能做成独立成景之物也未可知。

因此，这个衣架干脆按雕塑的思路往虚处进行创作，所以做完后看起来就像一个头尾健全的身体。这个身体，筋骨关节结实，但肌肉未满，仍然纤细。

　　七度衣架从上到下、从左至右，每个连接处的角度都是七度，这个角度使得整个线条的视觉有一种像雕塑般丰富的立体感和微妙的平衡美感。

　　这个角度也使得它颤颤巍巍地像几岁的孩童，摇曳闪烁中勾起童年回忆：那些最单纯的快乐，总是在夏天。水流浅而湍急的野溪里，细而长的田埂上，我们疯跑着。短裤湿了一半，敞开的衣服被风吹得向后鼓着，风扑在胸口上凉凉的，很舒坦。我们一众五六个，左右倾斜，四肢舞蹈，跟着曲折的田埂溪路，连翻掠过村庄。

　　《礼记·内则》记有"楎
椸 (huī yí)"之分，孔颖达
疏云："植曰楎，横曰椸。
然则楎椸是同类之物。横者
曰椸，则以竿为之，故云竿
谓之椸。"也就是立着的木
头用来挂，横着的木头用
来搭。

制作过程：三角七度衣架

木料

北美硬枫木：3 根 长 170× 宽 3× 厚 3　　　　　（cm）

北美硬枫木：3 块 长 35× 宽 15× 厚 3　　　　　（cm）

灵感故事

　　三角形是最稳定的形态，在本案例制作过程中我们希望与大家分享一款容易制作使用方便、又具有简洁美感的七度衣架。

▼ 结构与尺寸

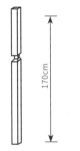 

1.选料

　　做衣架的长棍木料宜用不易弯曲变形的直纹料。

2.做榫口

　　榫口可用台锯切出,再用平铲修平锯切面。要做到榫口有摩擦力可拆装,调整量全靠手感掌握。

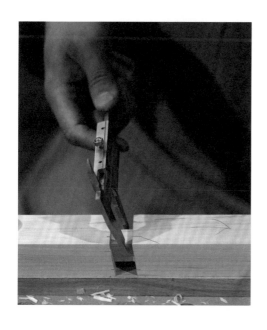

　　用游标卡尺检查比对尺寸。

制作过程：三角七度衣架

3. 中央回旋镖制作

三角七度衣架中央结构是参考回旋镖的形状，由三个完全对称的曲线组成。

按照模板划线完毕，然后用带锯锯切。

先用砂带机完成粗磨。

4. 制作回旋镖榫口

画线：注意三个回旋镖的榫口位置是一样的，这样在与竖杆组合时才能稳固卡合。

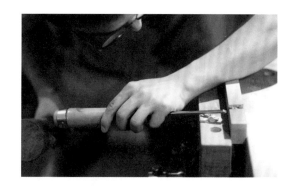

用凿子开榫口。

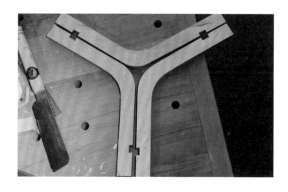

制作完毕的回旋镖：榫口具有和衣架相同的角度。

5. 组装

用锤子敲合卡口，通过敲的力度可以感受出松紧以及需要调整的量。

6. 打磨涂装

使用目数递增的砂纸依次打磨，然后用木蜡油或虫胶涂装。

10

两小无猜儿童椅

承载着温情的木质家具，用久
了，慢慢沾染了家的气息

无论路过多少世间的好风景，与多少美丽的人擦肩而过，在心头久久萦绕不去的，始终是那一份属于家的记忆。哪怕是儿时父亲亲手作的略显粗糙的木头小板凳，总是咯噔咯噔地被当作马驹骑，引得母亲数落，孩子们却欢笑不已。在外的游子每每想家，这些画面便在脑海里一遍遍回放。而那些承载着温情的木质家具，用久了，慢慢沾染了人的气息，便总和家的味道一同出现在记忆里。

木，向来合乎东方人的性情，几千年的文化传承中，无论建筑抑或家具，皆与木息息相关。中国人用木头造出纸张，用木头刻字制版，在木头搭建的空间里，谱写下木制工艺发展史。如此以木为主的艺术文化体系，有一种妙不可言的魅力。木作的复杂与精致均为砖石所不及，其中的机智与巧妙更显出韵味十足的美。木制家具的框架结构，其榫卯接合处是柔性的、变动的，也正显示出"道"性至柔的哲学思想。

在时间沉淀下，木质的哑光感也更富有东方禅味。长年累月经人手触摸，将一处磨亮了，体脂沁入，木色变得更为深厚，木纹渐渐显现出更丰富的情感。东方人倾心这样的情怀，喜爱那些带有体脂气的、风雨烟尘的东西，一旦身处这样雅致的环境，就会奇妙地感到心气平和，神情安然。木，果然比其他材质更与人亲近，这大抵也是我们爱木的缘由之一。

一件典雅实用的家具，可为生活增添令人心动的瞬间，更能在实际使用中带来安稳的归属感，让人们即使历经年岁，仍会感慨最美是平淡可爱的家。

愿热爱木作的您经由双手创作出美而实用的东西，在手作的每一分钟里，深深体会内心的饱满和劳作的快乐。

儿童椅选用了牙白色的进口北美枫木，质感温润，色彩纯真，与孩子的心灵如出一辙。

深加工磨圆的棱边不仅让整个座椅看起来更加圆润可爱，同时对天性活泼的孩子们也更安全，不会磕碰受伤；而且由于椅子本身的重量优势，也令孩子们攀爬无碍，不会因为椅子过轻不稳固而导致摔倒。

▲ 猫猫也喜爱的"圆润不硌"儿童椅

制作过程：两小无猜儿童椅

木料：整体采用北美硬枫木，各部件尺寸如下：

    长 × 宽 × 厚 × 数量

上枨: 31×5×5×2	(cm)
下枨: 38×5×4×2	(cm)
后腿: 37×6.5×5×2	(cm)
前腿: 31 X 6.5 X 5 X 2	(cm)
后枨: 38×6.5×5×1	(cm)
前枨: 38×5.5×5×1	(cm)
椅子靠背: 45×13×5×1	(cm)
椅面: 30×32×2×1	(cm)
穿带: 35×4×2.5×1	(cm)
侧立柱: 25×4×4×2	(cm)
中间立柱: 25×3×3×2	(cm)

工具

台刨 | 压刨 | 台锯 | 带锯 | 台钻 | 立铣床 | 角磨机
| 手锯 | 鸟刨 | 凿子 | 锤子 | F夹 | 角度尺 | 活动角尺
| 铅笔 | 木工胶 | 砂纸 | 木蜡油

▼ 儿童椅两个方向视图

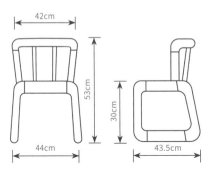

　　椅子是木作中包含技巧较多、比较考验技艺的项目，所以当准备挑战制作一把椅子之前，最好已经经过一些木作练习。舒适度对于一把椅子来说是最关键的，其中除了作为坐具的舒适度外，还有视觉上的舒适感，即比例关系是否协调、细节处理是否到位等，这些大多都可以通过视觉直接地感受到。

　　这把椅子是设计师为自己的女儿创作的，融入很多的情感而让它显得与众不同。为自己爱的人进行手工创作，恐怕是最让人投入的一件事了。这种投入会让人有更大的力量去克服各种困难，所以，动动脑筋，动动心思，也为所爱的人去开启木作之旅吧。

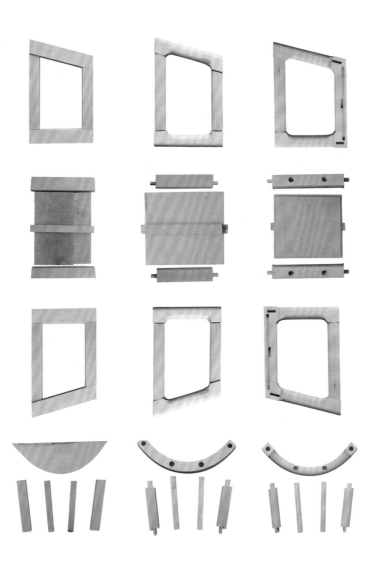

制作过程：两小无猜儿童椅

1. 设计

一个好的设计最初都是从一个简单的想法开始的，除了制作之外，设计会对作品的品质产生决定性的作用。会设计自然对手作有帮助，但完全不懂设计、不懂画图的人也不用沮丧，因为手工是传递人心灵的窗口，只要集中精神，一定可以做出打动人的作品。

2. 备料

根据设计初衷，这是一把为小女孩做的儿童椅，所以选择了纹路细腻、颜色淡雅的硬枫木，除椅面以外，其余部件都需要 5cm 厚的木板做原料。

经过平刨、压刨的刨平、刨光处理，再用台锯按照尺寸下料，得到各个部件的原料。

3. 做榫口

按照设计尺寸画出部件榫接的位置以及榫眼，需要留意的是腿部的后枨是有角度的。沿着画好的标记用带锯锯切，不方便使用电动工具时可以用手锯。

手工做好的榫头。

4. 做椅子靠背上部

　　用带锯锯出靠背上部的弧线。

　　用鸟刨刨平锯后的曲面。

　　用台钻开出靠背枨的圆形榫眼。

　　方榫眼也可以用台钻加手工结合的方式提高效率，即先在榫眼处钻孔，之后再用凿子修成方形。

5. 座面制作

座面四边先在倒装铣床上做好 L 形榫头，再用燕尾铣刀铣出嵌入加强筋的燕尾形槽。

把做好的加强筋装入。

部件的圆角也可以用圆角刀在同一个铣床上完成。

再加工座面的前后枨以及腿部用来容纳座面的榫槽，这里用到了铣刀开槽，也可以使用电钻配合凿子来手工完成。

6. 组装

安装的顺序是先座面，再腿部，最后靠背上枨，将组合好的腿部安装在座面两侧，之后再将座椅的靠背逐个插入榫眼中，最后把上枨安装上。

7. 胶接

只要涂胶的地方都需要用夹子紧固，才能更牢固。

8. 打磨

这件作品的设计是所有的转折都采用大圆角处理，因而连接处只能通过手工来加工，这个步骤考验的是耐心，要在从粗到细的打磨实际操作中不断去感受作品在变化中的状态，以把握最终的感觉。

9. 涂装

涂上木蜡油作为表面处理。待干燥之后，可再用特细砂纸进行细磨，之后再上油、再干燥、再上油，这样反复几次，一件精致的手作儿童靠背椅就诞生了。

机械装置
AUTOMATA

11

奔跑吧，山谷小鹿

从可用的物中跳脱出来，招至于抽象世界之中的无用之物。正是这貌似无意义的存在，将我们引领到万物诞生之前或混沌喧嚣之外，那里有飞翔的鸟和奔跑的鹿，有深情的树和微甜的风，还有大自然的安静与澄明

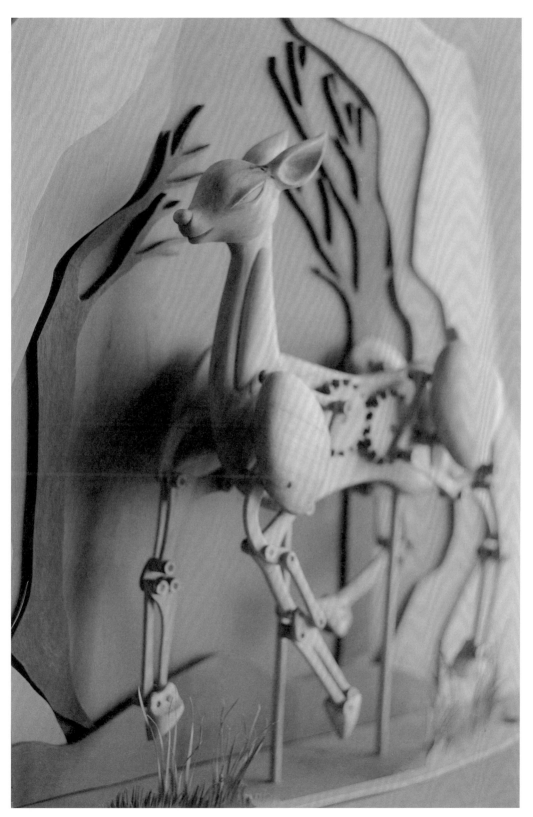

"Automata"，源于18世纪中期的希腊语"Automatos"，意为自己会动的机械装置，是当时古希腊人为展示科学原理而设计制作的。据说，最早的记载是公元前400年，柏拉图的哥们儿——数学家、哲学家阿尔库塔斯（Archytas of Tarentum）发明的木制飞鸽。

　　其实这个看似陌生的词，在我们生活里一点都不陌生。例如，那些以地标物作为装饰的机械钟表和陀飞轮复杂功能腕表等，还有80后童年里的铁皮青蛙和八音盒，都属于"Automata"。但是用木头制作一件还算拿得出手的Automata作品，却是一个不小的挑战，因为不光需要熟悉复杂的机械原理，还需要无限的想象力。

　　通常手工制作一件木质"Automata"，需要先在脑中构思出想要表达的场景，以及用怎样的机械运动轨迹来表达这个场景。然后，画出整体的、局部的以及各个零件的制作草图，再按照草图进行各零件的造型、锯切、刨削、雕刻、打磨等一系列操作。最后，才能进入拼装和调试阶段。就算是老手，试错也是常有的事。

　　对于总是力求完美的手艺人来说，东西打磨到光滑可鉴和形状做到比例优美这些都不在话下，但仿生的机械联动似乎是个挑战。于是在开始动手之前，做更多的功课是必须的，学习了"Theo Jansen"的沙滩仿生兽原理，还参考了迪士尼和其他"Automata"设计师关于动物走动的设计。然后，用了三周时间做出了这个可以四条腿联动的奔跑小鹿。

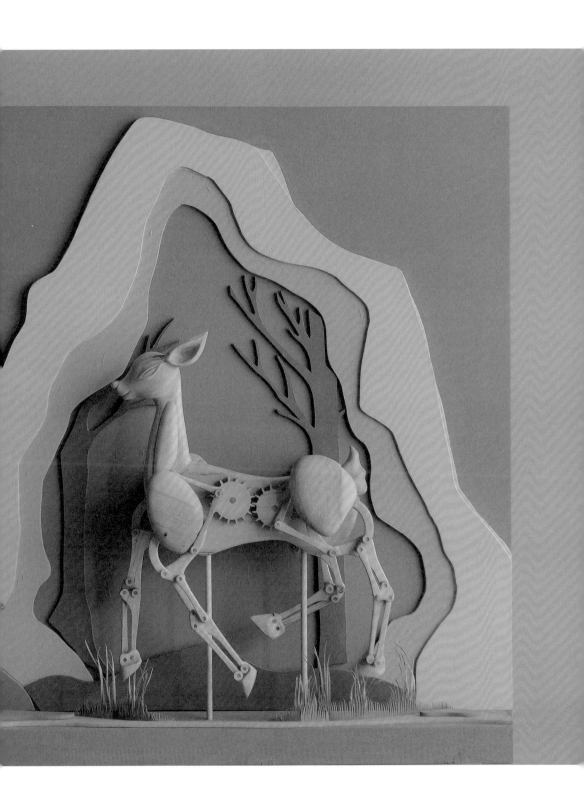

▌设计细节

▲ 小鹿头部雕塑细节

@ 手作者说

在创作小鹿形象时，我读了很多关于鹿的神话故事，后来被"白鹿"与"夫诸"[1]深深吸引。两者都是神兽，白鹿是瑞兽，所过之处水草肥美；而看起来和白鹿相似的夫诸却是灾兽，所到之处必定洪灾泛滥。或许，因为看尽太多世间灾难，白鹿的双目是盲的，但这并不耽误它的灵性，它的耳朵能听千里之音，会在人们祈福的时候隐约现身遥远的山谷间。所以这只以"白鹿"为原型的山谷小鹿有狭长的眼和深且圆的耳郭。

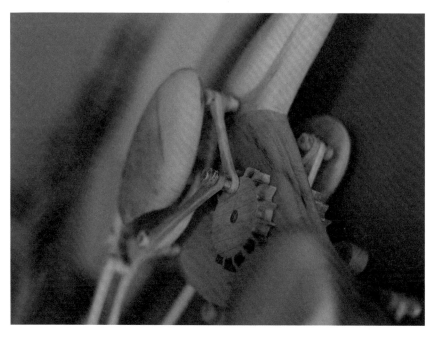

▼ 联动细节

---

[1] 夫诸。《山海经》中有记载："有兽焉，其状如白鹿而四角，名曰夫诸，见则其邑大水。"

▼ 从背面看联动细节

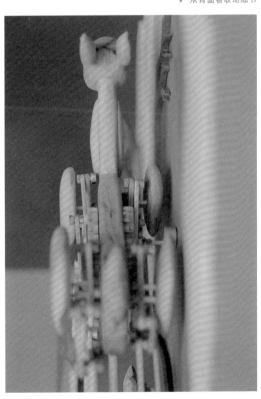

　　大自然是神奇的造物主，
动物不需要懂得任何机械原理
就能够自主运动奔跑。

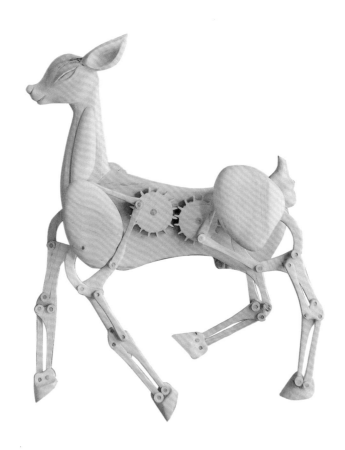

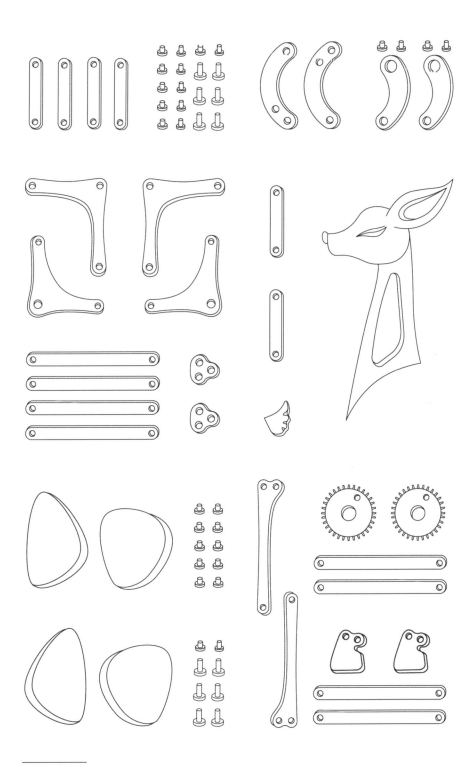

▌制作过程：山谷小鹿

1. 联动原理研究试验

　　在整个联动装置中，"Theo Jansen"的沙滩仿生兽是对我影响最大的。这是第一个可以转起来的试验装置。

　　这是修改参数后由齿轮带动的装置试验。

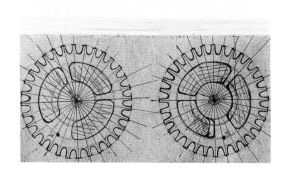

　　最终确定的齿轮模型图样。

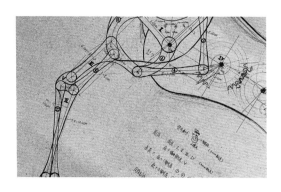

　　山谷小鹿的各部分零件尺寸记录。

2. 联动装置准备

按照尺寸用带锯锯出来的各个部件。

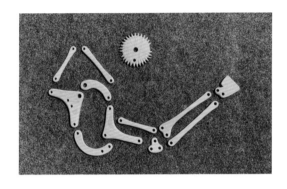

一条腿的关键联动部件全部打磨好的状态。

这其中略微复杂的是木螺母的制作，根据其他木零件叠加的厚度，制作出不同长度的螺母。

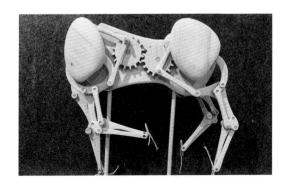

3. 身体连接

把四条腿、雕刻好的肌肉盖片以及齿轮连接起来。

▌制作过程：山谷小鹿

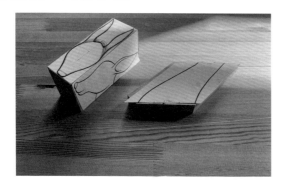

4. 雕刻

　　将鹿头和脖子分别锯切，然后黏合在一起雕刻。

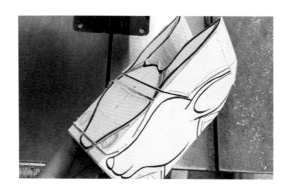

　　木作雕刻里大家经常会有个困扰，就是很难做多个曲面的锯切，底面不平可能会直接导致受伤。这里有个小技巧：锯每个面的时候都不要完全切掉，让每个面都保持平整，最后用凿子轻轻一翘细小的连接点就可以了。

雕刻的时候顺着木纹。

5. 打磨

　　用锉刀完成基础造型，并用目数递进的砂纸逐步打磨。

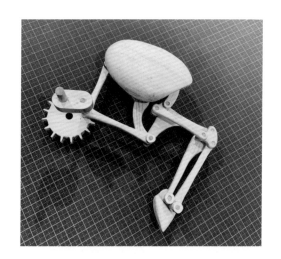

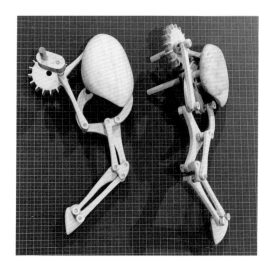

制作过程：山谷小鹿

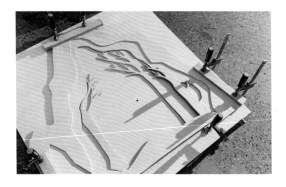

6. 背景制作

　　山谷小鹿的背板用胶合板切割而成，不同层次拼接黏合，底板需要比较厚重的材料保证其稳定性，因此选择了松木方料。

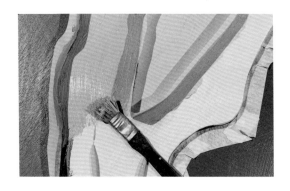

　　背景板上色，叠加色块时可以用美纹纸粘住，以防彼此渗入。

　　背景草部分的纸雕。

　　一束纸雕花的效果。

▲ 山谷小鹿

不
止
.